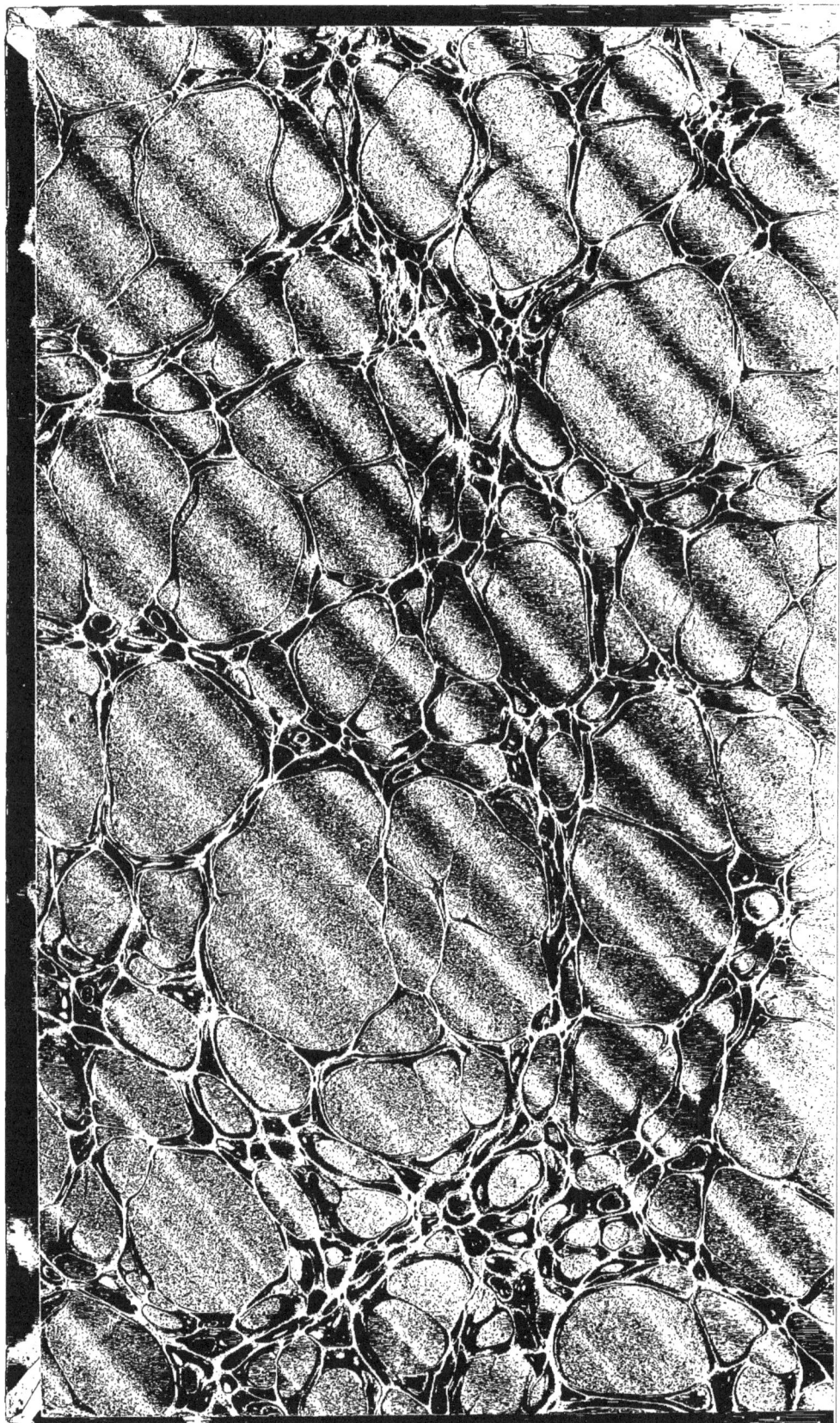

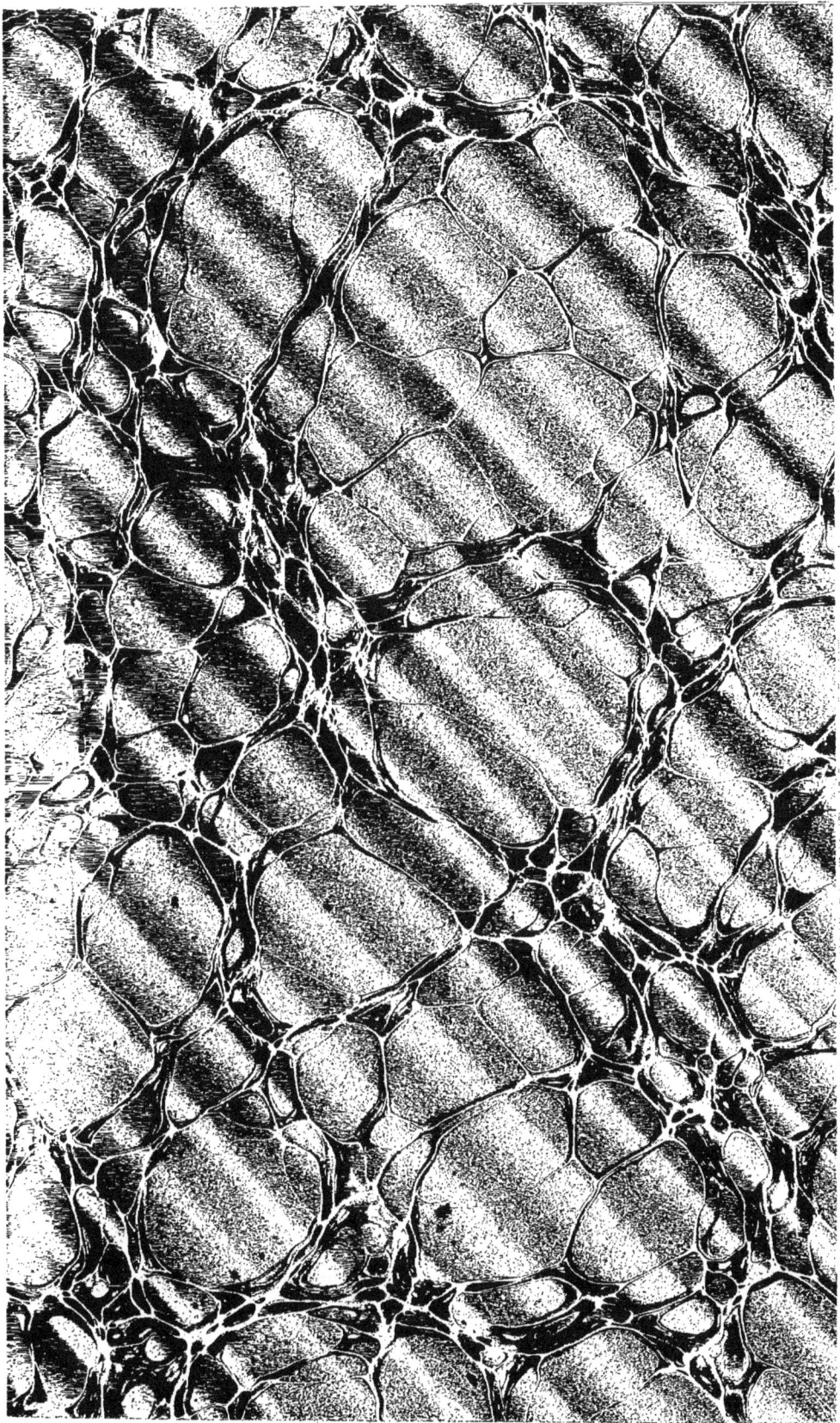

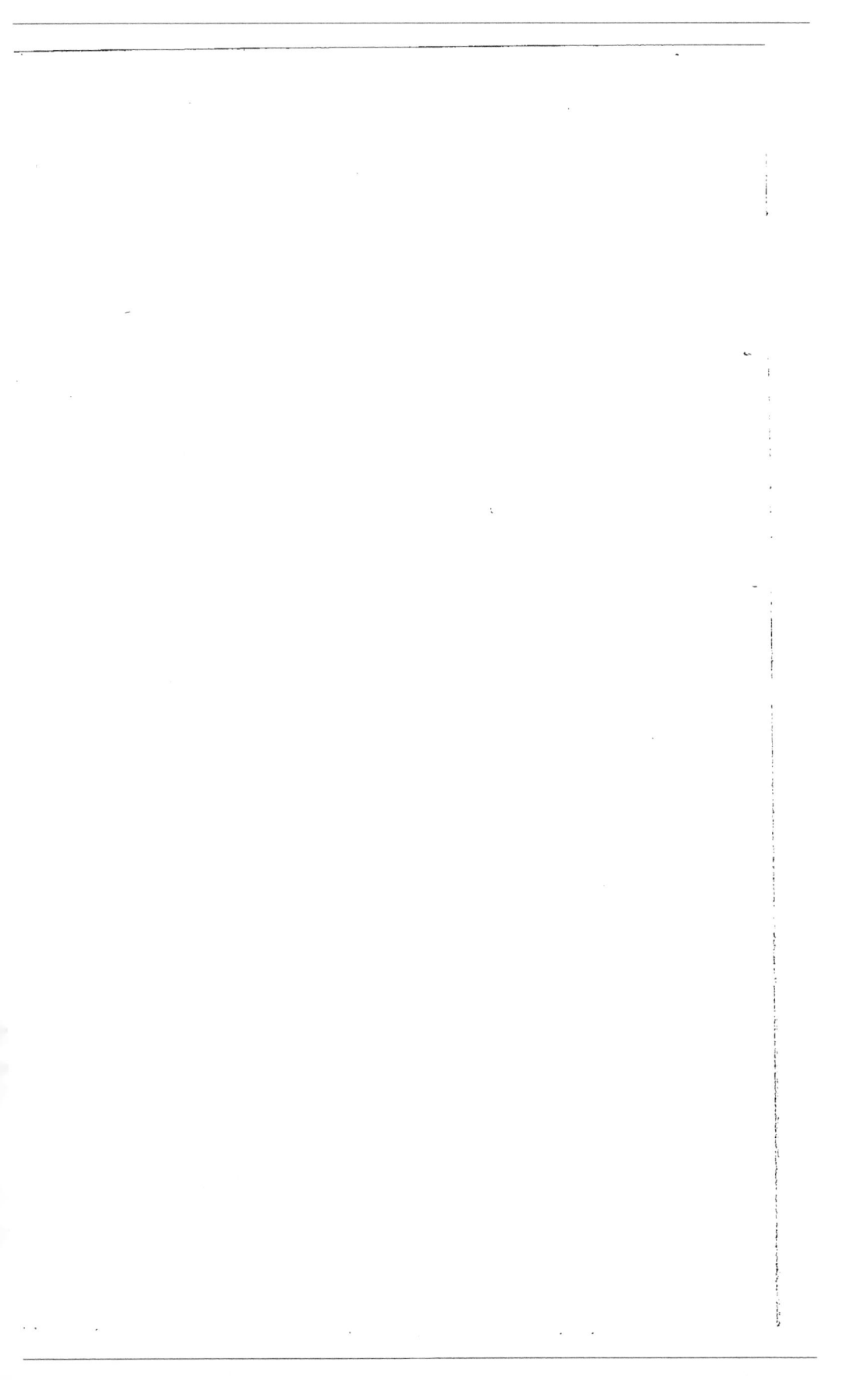

DU REBOISEMENT

DES

MONTAGNES DE FRANCE

PAR

L. GRANDVAUX

MÉMOIRE

POUR LEQUEL LA SOCIÉTÉ ACADÉMIQUE DE CHALONS-SUR-MARNE
DANS SA SÉANCE D'AOUT 1844, A DÉCERNÉ A
L'AUTEUR UNE MÉDAILLE D'OR

AUCH
IMPRIMERIE DE J. FOIX, RUE NEUVE

1846

1845

Cet écrit date déjà de près de deux ans. Resserré dans les limites restreintes d'un mémoire académique, on a dû en écarter les nombreux développements que le sujet comporte pour ne présenter, à vrai dire, que la substance des idées émises. Aussi, n'était-il pas destiné à l'impression. Cependant, sur les conseils de personnages éminents par leur mérite et par leur position, l'auteur se décide à lui donner une publicité tardive, mais qui emprunte de l'à-propos aux préoccupations produites dans les esprits par la création récente de la commission supérieure que le gouvernement a chargée d'étudier la question du reboisement de la France.

Auch, 2 février 1846.

I.

NÉCESSITÉ

du Reboisement des Montagnes.

———

> « Huit départements demandent que, pour
> assurer les besoins de l'avenir, l'État encou-
> rage, par toutes les mesures nécessaires,
> principalement les reboisements sur les
> hauteurs où la dénudation du sol entraine
> de si graves inconvénients.»
>
> *(Rapport au Roi sur les Vœux des
> Conseils généraux en 1841.)*

> « Presque tous les Conseils qui se sont
> occupés de l'agriculture ont demandé que
> l'on favorisât le reboisement. »
>
> *(Rapport au Roi sur les Vœux des
> Conseils généraux en 1842.)*

Le problème que j'aborde ici est important et ardu. Ce double caractère explique à la fois le grand nombre d'esprits distingués qu'il a préoccupés et l'insuffisance des solutions.

Il y aurait donc de la témérité à tenter les mêmes efforts, si le désir d'être utile à mes concitoyens n'excusait pas à mes yeux une telle entreprise, et si je ne savais qu'avant tout chacun doit concourir, selon ses forces, au bien-être du pays.

Toutefois, ce problème est si vaste dans son ensemble, si compliqué dans ses détails, que je ne l'embrasserai même pas en entier. Je le traiterai plutôt sous le rapport administratratif que sous tout autre, laissant à de plus habiles le soin de continuer les investigations scientifiques dont il a été jusqu'ici plus spécialement l'objet.

Le nécessité du reboisement des montagnes et des pentes a été si unanimement proclamé, qu'il est désormais superflu de la démontrer. Qu'il me soit cependant permis de rapporter ici les paroles de plusieurs économistes. Elles serviront de point de départ aux propositions que je développerai.

La cause principale des crues subites et excessives des cours d'eau est certainement la dénudation des montagnes et des côtes. Les inondations qui, à des intervalles rapprochés, désolent la France, depuis un certain temps, sont presque des événements nouveaux pour les vieillards (1); il y a quatre-vingts ans, rien de semblable ne se voyait dans nos contrées; si certains renseignements sont exacts, il est même à remarquer que, pendant les quarante-trois premières années du siècle actuel, les débordements extraordinaires de nos fleuves ont été quatre fois plus multipliés, proportionnellement au temps écoulé, que dans les six siècles

---

(1) « Considérant que, dans le cours de ces dernières années, les bas-
» sins de nos principaux fleuves ont été à plusieurs reprises le théâtre
» d'inondations désastreuses pour les populations riveraines ; — Que le

précédents (1). Ce fait est sans doute le résultat de la loi de 1791, qui a aboli toutes les restrictions mises antérieurement à l'exercice du droit de propriété privée sur les forêts ; car, pendant les douze années de son existence, des déboisements considérables ont eu lieu.

Cet effet du déboisement n'a, du reste, pas besoin de démonstration ; il s'explique de lui-même. Ecoutons cependant M. Surell nous en rendre compte dans son admirable livre sur les torrents des Alpes :

« Quand les arbres se fixent sur un sol, leurs racines le
» consolident en le serrant de mille fibres ; leurs rameaux
» le protégent comme un bouclier contre le choc violent des
» ondées. Leurs troncs, et en même temps les rejetons, les
» broussailles et cette multitude d'arbrisseaux qui croissent
» à leurs pieds, opposent des obstacles accidentés aux cou-
» rants qui tendraient à l'affouiller. L'effet de toute végé-
» tation est donc de recouvrir le sol par une enveloppe plus

» retour *en quelque sorte périodique d'un fléau qui ne se reproduisait ja-*
» *dis qu'à de longs intervalles* et avec un caractère purement acciden-
» tel, semble accuser l'influence de causes permanentes et l'établisse-
» ment d'un régime nouveau....... etc. »

(Arrêté de M. le ministre des travaux publics, du 29 avril 1844.)

(1) Voici le tableau des inondations observées ; il peut être intéres-
sant de rechercher les causes des variations que l'on y remarque.

De 1182 à 1282	4 inondations extraordinaires.
De 1282 à 1382	0	id.
De 1382 à 1482	2	id.
De 1482 à 1582	9	id.
De 1582 à 1682	9	id.
De 1682 à 1782	4	id.
De 1800 à 1813	9	id.

Voir l'*Univers Pittoresque*, — Dictionnaire encyclopédique, tome IX, page 583.

« solide et moins affouillable. En outre, elle divise les
» courants et les disperse sur toute la superficie du terrain ;
» ce qui les empêche de se porter en masse dans les lignes
» du *Thalweg* et de s'y concentrer, ainsi que cela arrive-
» rait si elles couraient librement sur les surfaces lisses
» d'un terrain dénudé. Enfin, elle absorbe une partie des
» eaux qui s'imbibent dans l'humus spongieux, et elle di-
» minue d'autant la somme des forces d'affouillement. » Il
fallait ajouter que les forêts, par leur ombrage, atténuent
l'effet violent du soleil sur les neiges et les empêchent ainsi
de fondre trop brusquement.

Toutes ces causes, qui règlent et modèrent l'écoulement
naturel des eaux, disparaissant ; celles-ci n'ont plus de frein ;
elles courent sur les pentes avec une rapidité qui s'accroît
à mesure que la masse augmente ; au lieu de mettre plusieurs jours pour atteindre le fond du bassin, comme dans
l'état normal, elles s'y précipitent toutes à la fois en quelques heures, et le lit du fleuve étant alors insuffisant pour
les contenir, elles envahissent, furieuses, ses rives chargées
de richesses pour ne laisser après elles que ruine et désolation.

Il est certain que la destruction des forêts qui couvraient
nos montagnes a bouleversé le régime des eaux qui en
découlent, car on a observé que la perturbation de ces eaux
a suivi, en maints endroits, la même progression que les
défrichements. Il faut donc bien reconnaître que ces deux
transformations se lient comme la cause et l'effet. Il est si
vrai que l'irrégularité subversive de nos cours d'eau tient
au déboisement des montagnes, que M. Surell nous prouve
la naissance de nouveaux torrents sur les pentes des Alpes
récemment déboisées. Et, par contre, il nous en montre
d'autres, jadis épouvantables, s'éteignant aujourd'hui peu à

peu sous la puissante végétation qui a reconquis leurs lits (1).

Beaucoup de motifs se réunissent pour faire attribuer aussi aux forêts une très-grande influence sur l'existence des sources. Cette diversité infinie répandue avec tant d'art dans la structure du sol et qui rend l'admirable spectacle de la nature toujours varié, toujours nouveau, met, sans doute, en défaut les théories conjecturales de la formation des sources. Mais, certes, il suffit bien de quelques faits positifs déjà observés pour inspirer à cet égard la plus vive, la plus prudente sollicitude.

Un autre fait est attribué généralement à la dénudation des montagnes : c'est le changement des climatures. M. Surell pense que l'action climatérique des forêts dans les montagnes n'est que probable. MM. Arago et Gay-Lussac, plus affirmatifs, leur attribuent l'un et l'autre cette influence. D'après de telles autorités, il ne sera donc pas hasardeux de croire au moins à l'action climatérique des forêts de montagnes. Bien plus, si la certitude à cet égard exige des expériences longues et multipliées en divers points du globe, cette opinion s'affermira en présence des faits accomplis dans le midi de la France, et qu'un publiciste rapporte ainsi : « L'action des eaux, dit-il, n'est régulière et vivifiante qu'autant qu'elle est réglée par la présence des forêts. Rosées, » pluies, température, cette partie de l'agriculture que le

---

(1) « Partout où il y a des torrents récents, il n'y a plus de forêts, et » partout où l'on a déboisé le sol, des torrents récents se sont formés; » en sorte que les mêmes yeux qui ont vu tomber les forêts sur le penchant d'une montagne, y ont vu apparaître incontinent une multitude de torrents. »

M. SURELL.

« travail humain ne peut directement ni modifier ni déter-
» miner, dépend essentiellement de la masse plus ou moins
» grande des terrains boisés. Maintenant que les crètes de
» nos montagnes sont dégarnies d'arbres, les terrains de
» Carcassonne et de Narbonne ne produisent plus d'oliviers.
» Cette branche si riche de notre agriculture est perdue
» dans les départements de l'Ardèche et de la Drôme; elle
» languit dans ceux des Bouches-du-Rhône, du Gard, de
» Vaucluse; et le mûrier, qui demande moins de chaleur
» que l'olivier, mais qui redoute les gelées de printemps, a
» été banni de plusieurs localités, où, auparavant, il répan-
» dait l'aisance. »

Si déjà, au seul point de vue des influences météorologi-
ques, la question de reboisement devient urgente pour certaines localités, elle est, pour d'autres que les eaux ravagent
et déciment, une véritable question de vie ou de mort. Mais,
malgré tout l'intérêt que ses différentes faces offrent séparément, on ne peut se défendre de leur refuser une attention particulière, quand on considère l'immense importance
qu'elle renferme dans son vaste ensemble.

Rétablir la stabilité dans le régime des eaux dont les débordements ravagent les rives de nos fleuves; assurer notre
navigation intérieure si souvent compromise tantôt par les
gonflements subits, tantôt par les étiages excessifs de nos
canaux; garantir d'une stérilité redoutable les sources de
nos vallées; sauver une partie de notre territoire, les Alpes,
d'une ruine certaine devant laquelle fuient déjà les habitants:
certes voilà une tâche digne des efforts persévérants de la
science et du gouvernement.

D'autres motifs viennent encore s'ajouter aux considérations qui précèdent ; mais ils trouvent plus loin leur place.

Trop d'intérêts sont donc compromis par la dénudation
des côtes pour que nous restions à cet égard dans une

funeste indifférence. Comment, en effet, ne pas sentir le besoin d'une puissante et prompte action au spectacle de ces fréquentes inondations ravageant et désolant tout d'un coup des villages, des villes, des contrées tout entières !.... Comment voir d'un œil calme et résigné des populations fuir, épouvantées, abandonnant demeures et biens, ruinées dans leurs récoltes, et livrées sans asile à la merci de la compassion publique ! Le désastreux automne de 1840 a causé de si grands malheurs dans nos départements du midi, qu'il nous est impossible de demeurer plus longtemps inactifs. Ne l'oublions pas, les pertes se sont élevées au chiffre énorme de 71,772,704 fr. — En 1841, le seul département du Gard a perdu encore pour 10,800,000 fr. (1). Est-il besoin de rien ajouter quand ces chiffres parlent si haut ?

En présence de tels faits, on sent combien il est urgent de mettre la main à l'œuvre pour détourner le terrible fléau. Il faut travailler incessamment à l'entreprise. Dans la lenteur qui en est inséparable, toute hésitation, tout retard sera un mal de plus; car le puissant élément qu'elle doit combattre peut, en quelques jours, amonceler des ruines. Et à de tels désastres qu'opposera le pays ? — Le long et pénible reboisement des montagnes à l'accomplissement duquel un siècle aura peine à suffire.

Cependant, cette mesure contenant seule le remède capital et souverain à de tels maux, c'est à elle qu'il faut consacrer nos efforts. Résumons donc ici les nuances de la question en constatant, 1° que le reboisement des montagnes de France est indispensable dans plusieurs localités; 2° qu'il est nécessaire dans beaucoup d'autres ; 3° qu'on doit enfin

(1) Rapport officiel de la commission des secours.

l'entreprendre sans retard si l'on ne veut pas attendre que l'excès du mal, qui grandit sourdement, ait rendu tout remède impossible.

II.

IL FAUT PROROGER LA PROHIBITION DU DÉFRICHEMENT DES BOIS.
MESURES QUI DOIVENT L'ACCOMPAGNER.

> « De toutes les parties de la France, de la
> » Bretagne, de l'Auvergne, des Vosges, des
> » Alpes, des Pyrénées, on réclame unanime-
> » ment des mesures qui arrêtent le mal
> » d'abord... »
>
> *(Annales forestières.)*

> « 544. — La propriété est le droit de jouir
> » et de disposer des choses de la manière la
> » plus absolue, pourvu qu'on n'en fasse pas
> » un usage prohibé par les lois ou par les
> » règlements. »
>
> *(Code civil.)*

La première conséquence de la nécessité du reboisement est, sans contredit, la prohibition du défrichement des bois. Si l'on songe à rétablir des forêts nouvelles, il faut, à plus forte raison, maintenir celles qui existent, du moins dans certaines situations.

Nous touchons ici à une question délicate. Tout le monde connaît les vicissitudes de la proposition de M. Anisson-Duperron pour la liberté des défrichements : admise en 185?

par la Chambre des Députés à une très-forte majorité, elle
ne put être discutée au palais du Luxembourg. Représentée
successivement en 1835 et en 1836 à la Chambre des Députés, celle-ci en admit encore une fois les articles, puis en
repoussa l'ensemble, et enfin, ébranlée sans doute par les
savantes paroles de M. Arago, elle rejeta définitivement le
projet.

Cette question a été reproduite incidemment, mais sans
succès, dans la session de 1844. Le temps approche, cependant, où il faudra la résoudre, puisque la prohibition portée
au défrichement des bois par le Code forestier expirera en
1847.

Aujourd'hui, cette restriction de l'exercice du droit de propriété des forêts est-elle devenue inutile, comme le donnait à
espérer l'orateur du gouvernement lorsqu'elle fut débattue(1)?
L'état de choses actuel est-il si différent de celui de 1827 ?
Sans doute, les bons procédés de silvyculture répandus et ap-
pliqués sur notre sol forestier par les élèves de l'école de
Nancy, ont amélioré quelque peu la généralité des forêts;
sans doute, la grande indifférence pour les plantations particulières s'éteint, une salutaire émulation tend à la remplacer; mais les effets réels de ces tardives réactions sont encore à se produire. D'un autre côté, rien que je sache n'a
été fait pour reconquérir au boisement les vastes côtes dénu-
dées dont l'état funeste a constamment empiré. Au contraire,
on a autorisé jusqu'ici des défrichements considérables et
nombreux, qui auraient dû, peut-être, n'avoir lieu que plus
tard dans une sage proportion avec les progrès de la régénération forestière sur d'autres points.

1) Voir l'exposé des motifs du Code forestier par M. de Martignac.

En ne fixant qu'à 20 années la prohibition du défrichement, l'administration semblait se reposer du soin de l'avenir sur les découvertes de la science et de l'industrie. Mais cette ressource est impuissante à rassurer le pays sur ses besoins journaliers de bois de toute sorte. Car si, d'une part, les appareils économiques, les procédés nouveaux, l'usage plus répandu des houilles dans les usines et dans les foyers domestiques diminuent la consommation du bois, de l'autre, les machines qui nécessitent du combustible se multiplient, la population s'accroît incessamment et avec elle le nombre des consommateurs. Si, dans les villes, le fer tend à remplacer le bois dans les charpentes, en revanche, dans les campagnes, les toits de tuiles, qui exigent des bois coûteux, remplacent partout le chaume, toiture légère, économique, mais aliment continuel d'incendies. En un mot, d'un côté la consommation individuelle a été réduite dans les usines et dans les classes aisées ; mais de l'autre, elle a augmenté par la multiplication des consommateurs. Il y a au moins compensation.

Mais la houille entre pour beaucoup dans l'alimentation de ces besoins ; or, les houillères sont-elles inépuisables ? Malheureusement non, et il faut, au contraire, prévoir leur extinction. Quoique éloignée, elle ne doit pas laisser de nous préoccuper ; quelle profonde révolution n'amènera-t-elle pas dans l'économie sociale ! La science trouvera-t-elle à remplacer, pour les machines, ce précieux aliment ? C'est douteux. Et dans cette incertitude, nous irions encore aggraver les besoins des générations futures en détruisant les bois, unique combustible qui leur semble réservé ? Non, nous ne le pouvons pas sans commettre envers l'avenir la plus grande faute. Dans la prévision de ce qui arrivera, nous devons au contraire recomposer les forêts détruites sur les montagnes, et ce n'est pas là le motif le moins puissant de la nécessité du reboisement.

Concluons donc qu'il y aurait une imprévoyance dangereuse à laisser réduire nos produits forestiers par le motif que notre alimentation est aujourd'hui satisfaite; encore une fois, l'abondance actuelle ne doit point nous détourner de penser à l'avenir, car, dans la vie d'une grande nation, les siècles ne sont que des années.

A côté même des considérations qui précèdent, la prudence seule commande encore de ne pas ouvrir une voie entièrement libre au défrichement, même en plaine; elle veut, au contraire, que l'on se réserve en cela le pouvoir de régler la marche des choses. Lorsqu'il s'agit d'un intérêt aussi grave, aussi général que celui de la destruction de bois, à laquelle on ne peut remédier qu'après de longues années, il faut se ménager des moyens d'arrêt, car les résultats en peuvent devenir dangereux.

Il y a donc nécessité de proroger encore la prohibition du défrichement des bois, sans autorisation du gouvernement.

Mais si l'intérêt de tous exige que cette restriction soit mise au droit sacré de la propriété, la justice veut que la société tout entière, et non pas seulement quelques-uns de ses membres, subisse les conséquences de cette nécessité. Sans doute, « le droit d'abuser, attribué au propriétaire, absolu dans la loi naturelle, ne peut plus l'être sous la loi civile; ici, l'intérêt de tous apporte au droit de chacun des restrictions nécessaires. En consacrant les droits du propriétaire, la société en acquiert sur lui-même : c'est à elle qu'il doit la sécurité et les garanties qui, en définitive, constituent pour lui, en très-grande partie, la valeur de ce qu'il possède. Elle a donc droit de mettre à sa protection certaines conditions (1). »

---

(1) M. Ludovic Beaussire. — Annales forestières, d'après l'exposé des motifs du Code forestier, Titre VIII.

Mais cette protection étant égale pour tous, les conditions qui la compensent doivent l'être aussi ; du moment que cette égalité est détruite pour quelques-uns dans les bénéfices, elle doit l'être aussitôt dans les charges d'une manière proportionnée. Cette règle d'équité est immuable et rien, dans cette question, ne saurait la faire fléchir.

Or, la prohibition du défrichement que l'intérêt de tous exige n'est-elle pas onéreuse dans un grand nombre de cas pour les propriétaires des forêts? D'excellents terrains boisés donneraient assurément les plus beaux blés s'ils étaient cultivés ; leur revenu s'en accroîtrait donc, car la valeur des bois est proportionnellement bien inférieure à celle des produits agricoles dans certaines contrées. Peut-être dans quelques autres cette disproportion s'est-elle amoindrie par la rareté du combustible. De fortes importations de bois se font en France ; il semblerait qu'elles dussent avoir pour conséquence d'élever dans les départements du centre les bois indigènes à un taux très-haut et d'y tenir ainsi la propriété boisée dans de bonnes conditions. Mais il n'en est rien. La difficulté et le prix des transports par terre ou par eau empêchent les produits forestiers de se répandre du lieu où ils croissent dans ceux où ils font défaut (1). — Au surplus, partout il arrive que le peu d'étendue d'une forêt particulière ne permet pas de l'aménager en coupes annuelles ; le revenu en est alors retardé et conséquemment diminué. A plus forte raison le propriétaire ne peut-il pas diviser sa forêt en petites parcelles, comme il ferait d'un pré, pour la vendre en détail, c'est-à-dire de la manière la plus lucrative, parce qu'elle attire toujours plus de concurrents. De là encore un préjudice

(1) Voir à ce sujet le travail de M. Duval, Conseiller à la Cour royale d'Amiens. — *Journal des Economistes.*

réel. La prohibition du défrichement impose donc au propriétaire d'un bois une véritable charge, qu'elle provienne des trois causes énoncées plus haut, ou de l'une d'elles seulement.

Voyons, maintenant, ce que la société lui offre en échange de ces sacrifices.

Que fait la loi dans le but de la conservation des forêts particulières? En assure-t-elle au moins la surveillance? — Point. A cet égard le gouvernement ne se manifeste que sur la plaque des gardes-champêtres, et Dieu sait l'efficacité de leur service! Si leur vigilance est illusoire sur les propriétés cultivées, elle est complètement nulle sur les bois particuliers.

L'administration était si convaincue de cette vérité, qu'avant 1852 les forêts n'étaient point comprises dans les rôles spéciaux des impositions foncières établies pour pourvoir aux salaires de gardes-champêtres; cette charge, notoirement inutile pour elles, les règlements les en exemptaient (1). Mais la loi du 21 avril 1852 a détruit cette exemption qui était pourtant une juste conséquence de cette nullité de surveillance. En voulant appliquer à toutes les propriétés indistinctement un principe d'égalité de droits et de devoirs, elle a consacré une injustice, puisqu'aujourd'hui, comme avant cette loi, les gardes-champêtres ne surveillent point les forêts particulières, bien que celles-ci contribuent, comme les champs, les prés, etc., par des centimes additionnels, aux traitements de ces agents. Aussi est-il bien peu de bois particuliers qui n'aient des gardes spéciaux chèrement salariés par les propriétaires qui paient ainsi doublement une médiocre surveillance.

---

(1) Loi du 28 septembre, — 6 octobre 1791 ; — Décret du 23 fructidor an XIII ; Circulaire du Ministre de l'Intérieur, du 12 mai 1808.

Cette impuissance de mesures préventives est-elle au moins compensée par des dispositions pénales d'une rigueur telle qu'elle suffise pour éloigner les délinquants? — Encore bien moins. Le vol d'un panier de pommes de terre dans un champ est puni d'un emprisonnement de quinze jours à deux ans et d'une amende de seize francs à deux cents francs; tandis que, pour l'enlèvement d'un chêne de 1 mètre de circonférence, on encourt une amende de 18 fr., et pour une charretée de fagots, celle de 10 fr. A la vérité, il vient s'ajouter à ces amendes des dommages-intérêts qui les doublent, et quelquefois plus; mais, dans le cas d'indigence, quelle que soit l'importance des délits, quelle que soit aussi celle de l'amende et des dommages-intérêts prononcés, tout se borne à un emprisonnement de *deux mois*, maximum infranchissable (1). Encore, cette courte détention s'obtient-elle, du moins, facilement?

Oui, sans doute... mais en payant. Qu'un maraudeur condamné pour un délit commis dans votre forêt parvienne à acquitter l'amende au trésor, la justice ne s'occupera plus de lui ni de vos droits sur lui; on ne l'incarcèrera point d'office; en un mot, pour tout dédommagement, il ne vous restera que la satisfaction de pouvoir, la prise de corps à la main, mettre en campagne contre lui des huissiers qui vous coûteront cher et qui parviendront, *peut-être*, à l'emprisonner après, toutefois, que vous aurez payé d'avance ses aliments à la geôle. Quel est donc le résultat final de ce système? On le voit assez : pour le maraudeur, le profit certain tiré de son délit, puis deux mois passés dans un gîte souvent meilleur que le sien, à être nourri et chauffé gratis; tandis que la

----

(1) Sous l'empire exclusif de l'ordonnance de 1669, les pénalités pour délits forestiers étaient plus fortes qu'aujourd'hui, puisqu'elles comprenaient, dans certains cas, *des châtiments corporels arbitraires;* mais les amendes étaient moindres.

perte du bois volé, les funestes conséquences de la mutilation de la forêt, les frais de poursuites et de consignation forment le lot du propriétaire à qui l'on ne laisse, on peut le dire, que le *sac et les quilles*. Aussi, pour lui, le Code forestier est-il tout entier dans cette prédiction de *Chicaneau* :

« Eh quoi donc ! les battus, ma foi ! paieront l'amende ! »

(Les Plaideurs.)

Il est évident qu'un délinquant d'habitude, qui fait son industrie de la dévastation des propriétés d'autrui, n'a pas à hésiter entre la forêt ou le champ. C'est qu'en effet on voit des gens qui font commerce du bois qu'ils volent tout le jour durant ; mais on n'en rencontre guère qui trafiquent des céréales qu'ils maraudent. La loi expose donc les forêts particulières, plus que les autres propriétés, à des dévastations nombreuses en donnant, en quelque sorte, un privilège d'impunité aux délits forestiers sur les délits ruraux par le défaut de surveillance et par une pénalité insuffisante.

En résumé, disons donc que la garantie offerte par l'État aux individus dans la conservation de leurs biens, loin d'être augmentée quant aux forêts particulières en raison de la charge que la prohibition du défrichement leur fait subir, est, au contraire, moindre pour elles que pour toutes autres propriétés.

Voilà une contradiction et une injustice. Pour les détruire, deux mesures sont à prendre ; elles résultent de ce qu'on vient de lire :

1° Assurer la garde des bois particuliers. On ne le peut que par une meilleure organisation des garderies publiques, service très important et qui laisse trop à désirer (1).

_____

(1) Des publicistes, et même plusieurs conseils-généraux, ont demandé que la répression des délits commis dans les bois particuliers,

2° Rendre plus fortes les pénalités pour la plupart des délits forestiers. D'autres, au contraire, presque insignifiantes, sont peut-être frappés d'une peine exorbitante. Déjà le projet du code forestier portait des répressions plus sévères que celles en vigueur aujourd'hui. Une commission de la Chambre des Députés les réduisit, déterminée en cela sans doute par un sentiment d'humanité. Peut-être même eut-elle raison de le faire, car la pénalité alors était faible et la porter d'un bond à toute sa rigueur, c'eût été brusquer un changement impossible sans mesures transitoires.

A présent que chacun est prévenu, la loi doit frapper les délinquants en rapport de l'importance sociale des délits qu'ils commettent, importance méconnue aujourd'hui que les bois sont plus chers, si l'on maintient dans leur insuffisance les pénalités forestières.

Ainsi donc, pour que la prohibition du défrichement ne froisse pas injustement les propriétaires de bois particuliers, il faut d'abord réformer les garderies publiques, réformer la pénalité forestière. Ces deux dernières mesures aideront d'ailleurs puissamment cette prohibition à maintenir les forêts existantes.

---

fût poursuivie d'office par le ministère public. D'autres ont combattu cette proposition comme susceptible d'entraîner l'état dans d'énormes dépenses par l'accroissement des détentions. Cette objection est fausse, car les emprisonnements pour délits forestiers, n'excédant pas la durée d'une année, ce n'est pas le trésor, mais bien le département qui en paie les frais. Il y a en cela une anomalie d'autant plus grande, qu'il s'agit de véritables *détentions pour dettes envers l'Etat* qui seul bénéficie des amendes. Néanmoins, la poursuite d'office ne pourrait avoir lieu qu'en attribuant aux gardes institués par des particuliers, la même qualité, le même caractère qu'à des agents publics, et cela ne saurait être sans une confusion très-abusive et contraire aux principes de la constitution de notre police judiciaire.

Mais, par cette double réforme, le pouvoir ne fera qu'abolir une injustice en étendant aux forêts particulières la protection dont jouissent déjà les autres propriétés. Il lui restera à tenir compte au propriétaire du sacrifice que la prohibition du défrichement lui impose dans l'intérêt général. Cette prohibition constitue temporairement une véritable expropriation pour cause d'utilité publique, on ne peut se dispenser de le reconnaître. Du reste, cette vérité n'est-elle pas tacitement reconnue par la loi elle-même qui récompense les nouvelles plantations? Encourager les repeuplements comme utiles au pays, c'est évidemment prouver qu'à plus forte raison, le maintien des forêts existantes lui est également utile, et, partant, qu'il faut indemniser ceux qui les conservent à leur préjudice particulier.

Mais comment apprécier ce préjudice de la prohibition du défrichement, et de l'indemnité qu'il réclame?

Ce problème offre une grande difficulté; loin de moi la prétention de vouloir la résoudre. Cependant, je vais exposer le moyen qui me semble du moins propre à l'atténuer.

Par le cadastre, les forêts se trouvent divisées en plusieurs classes, selon *les revenus qu'elles donnent* dans chaque localité, comparativement aux autres terrains. Cette classification est la base de la répartition de l'impôt foncier.

Que l'on établisse une autre classification analogue déterminée par le *revenu possible* de chaque forêt particulière, en supposant qu'on lui fasse subir la transformation la plus profitable selon sa nature, sa qualité, sa position, par assimilation aux autres propriétés de la localité; et du chiffre comparé de ces deux bases sortira celui des indemnités à accorder.

Dans cette seconde classification il faudrait donc toujours attribuer au sol d'un bois particulier le meilleur genre de culture qu'il puisse comporter : celui-ci en pré, celui-là en vigne et tel autre en champ. Ainsi, les terrains en pente, dont la robuste végétation des bois peut seule retenir efficacement le sol contre l'action des eaux, n'ayant rien à gagner à un changement, resteraient dans cette classification, au rang qu'elles occupent déjà dans le cadastre. Il en serait de même des bois marécageux dont le dessèchement et la mise en culture exigeraient de telles dépenses que l'entreprise en serait déraisonnable.

Les frais de transformation d'une forêt en terrain cultivé devraient donc entrer en ligne de compte pour en fixer le revenu possible. En effet, si pour la défricher et l'assainir, on dépense 10,000 fr., c'est un capital placé, duquel il faut prélever d'abord l'intérêt. Le produit brut de la nouvelle propriété se trouvant réduit de l'intérêt de cette somme, il ne faudrait plus alors attribuer au changement opéré, que la différence restant après ce prélèvement fait. Cette différence formerait le *revenu possible* à comparer au revenu actuel. C'est assez dire de combien de renseignements des employés même fort habiles devraient s'entourer pour classifier avec toute la justesse possible.

Cet élément de comparaison obtenu, on en voit sans peine le résultat : plus serait grande la différence du revenu réel et du revenu possible (ramenés tous deux aux chiffres cadastraux), plus serait forte l'indemnité due. Sauf débat contradictoire et administratif quant à sa fixation, elle serait exigible pour tout bois particulier au défrichement duquel l'administration s'opposerait.

Il est certain que les déclarations de défrichement suivraient en foule une telle mesure, peut-être même tous les propriétaires de bois en feraient-ils dans le seul but de pouvoir réclamer, en cas d'opposition, l'indemnité promise. Mais, néanmoins, il ne faut pas croire que la somme des dédommagements qui en résulteraient dût être considérable.

En effet, quand il s'agirait d'un bon terrain de plaine, très-propre à la culture, l'intérêt agricole exigerait qu'on le défrichât et on laisserait faire le propriétaire; dès lors point d'indemnité. Au contraire, si c'était un sol médiocre, ou situé dans une côte affouillable, on en refuserait le défrichement qui serait infructueux sinon nuisible, ce qui ne causerait donc aucun préjudice, et partant point d'indemnité. Sans doute ce ne sont là que les deux cas extrêmes, entre lesquels se présenteront d'abord beaucoup de situations intermédiaires. Mais le nombre de celles-ci décroîtra peu à peu à mesure que le progrès du reboisement des montagnes, rendant les forêts de la plaine moins précieuses, permettra de les défricher. D'où il suit que si la somme des indemnités dut être forte dans les premiers temps, elle irait du moins toujours en diminuant. Il va sans dire, au surplus, que les communes qui se doivent plus que les particuliers à l'intérêt général, seraient nécessairement exclues du bénéfice des indemnités.

Quant à la nature de ces indemnités, il serait rationnel qu'elle fût une modération ou une exemption de l'impôt pesant sur celles des forêts qui en seraient l'objet. Mais qui supportera les conséquences des modérations ou des exemptions prononcées? En réimposa-t-on le montant sur la seule commune de la situation des biens, ou sur l'arrondissement, ou sur le département? Ou bien l'État éprouvera-t-il une réduction proportionnée dans le produit de l'impôt foncier? Il y aurait à cet égard à développer de longues considérations dans lesquelles je n'entrerai pas. Qu'il me soit permis de me borner seulement à dire ma pensée en deux mots. Si la conservation des forêts est utile à tout le pays, l'unité de l'intérêt qui s'y attache n'est pas parfaite. Evidemment cette conservation sera surtout profitable aux localités où elle aura lieu, tandis qu'elle ne causera aucun effet ni salutaire ni nuisible sur d'autres qui en seront éloignées. De là la nécessité, pour satisfaire l'esprit de justice distributive qui est la base de nos dépenses publiques, de répartir les charges créées par ces indemnités entre les différentes divisions du territoire, selon l'utilité relative que chacune d'elles devrait trouver dans le maintien ordonné. Ainsi, les dégrèvements prononcés à titre d'indemnités seraient réimposés, d'après les règles cadastrales, sur toutes les autres propriétés soit de la commune seule, soit de l'arrondissement, soit du département, ou enfin supportés par l'état au moyen d'un fonds commun, suivant que l'influence efficace de la forêt maintenue serait reconnu se manifester dans un rayon plus ou moins étendu. Assurément, avec l'application de ce principe, l'équitable mesure qui doit accompagner la prohibition des défrichements ne causerait pas de grandes charges au trésor.

III.

DES MESURES PRÉPARATOIRES AU REBOISEMENT.

« L'usage nous desrobe le vray visage des choses »
MONTAIGNE.

On le voit déjà par ce qui précède, l'œuvre de la régénération forestière est à la fois immense et lente.

Comme aux premiers âges du monde, l'homme se trouve seul ici en face de la nature qui procède lentement et dont rien ne saurait hâter la marche inflexible. Les grandes ressources de l'industrie moderne ne sont ici que de faibles accessoires : elles n'aideront que de loin. Je le répète, c'est un travail antique. L'homme est réduit à lui-même : puisse-t-il être soutenu dans ses longs efforts par la grandeur et l'espoir des bienfaits de l'entreprise, et mettre un noble orgueil à ramener, comme Dieu, dans une contrée de la terre, l'harmonie dans les climats et les éléments troublés.

Ce ne sera donc pas trop de toute l'attention des savants pour créer les plans d'opération, rechercher et provoquer les bonnes idées et les conseils des agriculteurs du pays, préciser à chaque travailleur son genre d'action, relier les efforts isolés qui doivent s'entr'aider, et faire naître le résultat souverain du vaste ensemble des travaux successifs et divers.

D'une part, reboiser les montagnes dont la dénudation cause la ruine de nos vallées ; de l'autre faire suivre progressivement le succès de cette entreprise du défrichement successif des excellents terrains boisés de la plaine que les populations croissantes réclament le soc à la main : telle est notre tâche. Ces deux opérations opposées ont donc une connexion intime, qui exige la simultanéité d'action. Elles auront aussi pour double résultat la prospérité de l'agriculture enrichie de vastes terrains, préservée de nombreux dégâts, et la sécurité de l'industrie qui retrouvera sur les montagnes du combustible pour ses machines, dans les forêts nouvelles, des moteurs naturels pour ses petites usines dans les cours d'eau maintenus et réglés par la présence des bois, et enfin des bras à employer parmi ces montagnards vigoureux que les travaux des champs occupent peu.

Notre premier soin doit être de constater l'étendue de l'entreprise par la reconnaissance et la fixation des lieux à reboiser. Il y a donc encore là une sorte de cadastre partiel à établir. C'est la double nécessité d'une opération de cette nature qui m'a déterminé à la proposer plus haut dans le paragraphe relatif aux mesures prohibitives du défrichement.

Ensuite, pour recomposer l'ancien état des choses, il faudra rétrograder successivement sur les faits accomplis, et conséquemment ramener d'abord quelque végétation à la surface des terrains entièrement nus. Pour y parvenir il faut les interdire au parcours ou tout au moins les soustraire à une dépaissance hors de mesure ; car il est reconnu que les ronces, les épines, les mousses et le gazon ne tardent pas à reparaître, même sur un sol aride, dès que les troupeaux ont cessé de le fouler.

Mais les pentes à reboiser appartiennent ou à l'Etat ou aux communes et établissements publics, ou enfin aux particuliers, et ici se présente la première difficulté à vaincre, celle du droit de propriété.

Des terrains de l'Etat, il est inutile de s'en occuper puisqu'ils sont à l'entière disposition du pouvoir, sauf, peut-être, quelques droits d'usage facilement rachetables.

Les autres sont presques tous affectés au parcours des bestiaux, des moutons surtout. Décréter la prohibition exclusive de la dépaissance de ces derniers est chose impossible ; l'exploitation de ces parages, dans les Alpes et les Pyrénées, est la seule ressource d'une infinité de communes et de propriétaires ; la leur ôter serait donc les réduire à la misère, tout en portant à l'industrie lainière une profonde atteinte. Mais si la dépaissance de ces terrains est nécessaire, on sait aussi qu'elle n'est devenue nuisible au sol que par l'abus qu'on en a fait. Il y a plus, cet abus porte certainement préjudice à ceux même qui l'exercent en vue de leur intérêt particulier ; car le nombre exagéré des bestiaux conduits sur un pacage le dégrade, le rend de plus en plus improductif, ce qui diminue donc sensiblement les revenus des pâturages. D'un autre côté, M. Surell constate que dans les Hautes-Alpes les dévastations sont dues bien plus aux troupeaux transhumants qu'aux troupeaux indigènes, et que si ceux-là étaient proscrits dans une juste mesure, les habitants y gagneraient. « Les moutons d'Arles, dit-il, qui montent paître dans la vallée du *Dévoluy*, rapportent chaque année aux habitans

50 centimes par tête de bétail : c'est le droit de pâture pendant la durée de la belle saison. Les moutons élevés sur place rapportent dans une année 5 fr. de bénéfice de toison. De plus ils sont engraissés et peuvent être revendus avec un bénéfice variable de 2 à 5 francs. Ainsi, un mouton élevé par les habitans eux-mêmes leur donne, par sa laine seulement, six fois plus de bénéfice qu'un mouton étranger. Cela ne peut pas d'ailleurs être autrement, puisque les propriétaires des troupeaux étrangers, après avoir acquitté les droits de pâturage, doivent encore trouver de bons bénéfices : sans quoi leur spéculation ne serait pas soutenable. »

De ces faits il faut conclure que l'on peut, sans nuire réellement aux habitants, limiter les troupeaux à envoyer au parcours sur les terrains à reboiser. Mais cette limitation, suffisante pour certains pacages, ne serait pour d'autres, si l'on se bornait là, qu'une demi-mesure au moins inefficace. Sur ces derniers, il faut que tout parcours cesse absolument, jusqu'à ce que, refortifiés par un long repos, ils soient devenus suffisamment défensables pour supporter qu'on les paisse par intervalles, selon des aménagements déterminés.

Doit-on craindre que cette interdiction complète ne produise de funestes effets pour l'industrie des bestiaux et des laines ? Non ; du moins il ne le paraît pas. D'abord, elle ne portera que sur certains quartiers de pâturages. Ainsi les plateaux qui ne redoutent pas l'action dévastatrice des eaux, tels que ceux appelés *razes* dans les Pyrénées, et *pastorales* dans les Alpes, resteront soumis à la libre dépaissance. D'ailleurs, n'est-il pas présumable que, restreints dans le nombre de têtes de bétail qu'ils pourront tenir, les éleveurs chercheront plus qu'aujourd'hui à améliorer les races ? A une indifférence extrême à cet égard succédera chez eux une ardeur d'autant plus grande que la limitation rétrécira davantage leur champ de production. Quelques efforts faits dans ce but auront nécessairement pour résultat des produits meilleurs que ceux d'aujourd'hui pour lesquels ils recherchent souvent l'abondance au préjudice de la qualité ; ces produits pourront alors soutenir la concurrence de ceux de nos voisins (1) ; ils se vendront plus cher que par le passé, et donneront donc aux propriétaires une augmentation de revenus qui compensera sans doute le faible tort porté momentanément à leur industrie par la soustraction à la dépaissance de méchants terrains dénudés.

Ainsi donc il faut que la loi donne au gouvernement le pouvoir, qu'il n'a pas maintenant, de prescrire l'interdiction du parcours sur certains points, la limitation des bestiaux et l'aménagement des pâturages sur certains autres, afin de rétablir progressivement la végétation sur les côtes. On appréciera ainsi, en peu d'années, l'importance du concours simple de la nature dans le reboisement, et conséquemment aussi l'étendue de notre tâche. Qu'on laisse seulement à cette grande créatrice sa liberté d'action, et bientôt elle aura reverdi nos coteaux aujourd'hui nus !

Mais en outre, nous lui viendrons en aide par des semis d'arbres et d'arbustes de toutes sortes, puis successivement par des plantations, à mesure que le sol sera en état de les recevoir. C'est là que commencera notre rôle actif, et c'est là aussi qu'il deviendra le plus difficile.

Les mesures de prohibition décrites plus haut n'auront porté aucune atteinte sérieuse au droit de la propriété privée, puisque souvent la conservation même du sol en

---

(1) De 1836 à 1841, notre commerce en bestiaux vivants, produits et dépouilles d'animaux, s'est accru de 55 p. 0|0 à l'importation, et de 7 1|2 p. 0|0 seulement à l'exportation.

(*Voir la note de M. de Tocqueville, septembre 1843.*)

exigerait déjà l'emploi. Il n'en peut pas être de même des travaux de silvyculture qui doivent leur succéder. Pour les entreprendre, il faut être propriétaire du terrain sur lequel ils auront lieu, ce qui entraîne la dépossession forcée.

Mais si le possesseur actuel de ce terrain se soumet à exécuter les travaux lui-même, le but de la société se trouve rempli; elle ne peut plus dès-lors vouloir l'expropriation. Ceci implique la nécessité de mettre d'abord tout propriétaire à même de conserver son bien, sauf à exiger qu'il lui fasse subir la transformation que l'intérêt général réclame. Il est même fort à désirer que beaucoup de propriétaires prennent ce dernier parti; mais, pour les y engager, l'exemption d'impôt pendant vingt ans, prononcée par l'art. 225 du Code, ne suffit pas; on doit encore mettre à leur disposition, aux prix les plus bas, les graines et les plants dont ils auront besoin.

Il faudrait donc disposer, 1° que l'administration fera connaître chaque année les propriétés particulières qu'elle projetterait de reboiser cinq ans plus tard; 2° que les propriétaires qui voudront exécuter eux-mêmes les semis ou les plantations, devront les entreprendre dans les douze mois qui suivront la réception de cet avis et les exécuter dans l'ordre et selon les indications de projets arrêtés par les agents du reboisement qui en auront d'ailleurs la surveillance; 5° qu'enfin, à défaut par les propriétaires d'avoir usé de cette latitude, l'administration, au terme des cinq années, expropriera ces terrains et en prendra possession après indemnité.

Je ne puis m'empêcher de critiquer ici la proposition analogue faite dans un rapport sur le reboisement présenté en 1842 au conseil général d'Agriculture. On voudrait que l'administration s'emparât des terrains par une dépossession provisoire d'une durée de cinq ans, pendant lesquels elle ferait les premiers travaux, et que le propriétaire eût la faculté de rentrer en possession dans la sixième année, à charge de rembourser tous les frais faits et de conserver la plantation. Cette idée n'est pas neuve ; elle a été copiée sur la déclaration du Roi du 30 décembre 1668, qui l'appliquait au défrichement des terres vaines, par les particuliers. Elle a pu produire alors de bons résultats, parce qu'il s'agissait d'une opération prompte, parfaitement appréciable après quelques années, d'un bénéfice immédiat et facile à perpétuer. D'ailleurs, les terrains ainsi livrés à l'industrie hasardeuse du pauvre, appartenant généralement aux seigneurs, ceux-ci pouvaient aisément et à bon compte les racheter une fois défrichés, lorsqu'ils y voyaient leur profit. Mais pour le reboisement ce serait tout autre chose : les premiers frais en seront considérables ; — pendant bien des années, d'autres dépenses devront encore y être ajoutées, tandis qu'un résultat productif se fera longtemps attendre, et enfin le plus grand nombre des propriétaires sont aujourd'hui trop impuissants pour tenter isolément de rembourser à l'Etat les avances qu'il aurait faites sur leurs propriétés. Une pareille entreprise serait pour eux compromettante. Il est douteux, d'ailleurs, que les capitaux se portent là, car ils préfèrent les spéculations du succès le plus prompt. Et puis, que d'embarras n'entraîneraient pas la dépossession provisoire, la réintégration avec expertise contradictoire des travaux exécutés, ou bien la dépossession définitive et tout ce qui la précéderait? Un système aussi compliqué exigerait des formalités telles que la puissance de l'administration s'userait rien qu'à les remplir ; et, Dieu merci, pour les plus petites choses, elle n'est déjà que trop entravée dans sa marche par des écritures sans fin et souvent même par des rouages inutiles.

3

IV.

Des Dépenses. — Des Voies et Moyens.

« Il faut se défendre contre un entraînement trop général qui voit la solution de toutes les questions dans le budget, que l'on appelle au secours de toutes les infortunes et de toutes les inégalités.»

M. Dupin aîné, — (*Discussion du reboisement à l'Académie des Sciences morales.*)

Nous sommes arrivés au point le plus important de ce mémoire, à la question des dépenses et des moyens d'y pourvoir.

Presque tous les écrits que j'ai lus sur ce sujet, redisent à l'envi que l'Etat doit prendre à sa charge les frais du reboisement; que, lui seul, est assez puissant pour pourvoir aux nombreux millions que cette opération engloutira ; qu'il est glorieux pour lui d'exécuter cette grande amélioration, et dès lors, qu'il ne saurait se laisser ravir l'honneur de cette entreprise. Toutes ces raisons sont fort belles assurément ; cependant il est d'autres considérations d'une consistance non moins forte qu'il ne faut pas négliger.

Rappelons ici en quelques mots la constitution administrative de notre pays. Dans le sein de l'immense famille appelée l'Etat sont d'autres familles successivement plus petites, qui ont chacunes des intérêts spéciaux sinon divers : ce sont les départements, les communes, les établissements publics. Chacun se crée les ressources dont il a besoin et fait les dépenses qui lui sont nécessaires sous la haute direction du gouvernement. Mais lorsqu'il arrive que les besoins d'un de ces êtres administratifs dépassent ses forces, il a successivement recours à l'assistance de ceux qui sont au-dessus de lui dans la hiérarchie de la centralisation : ainsi, le bureau de bienfaisance invoque le secours de la commune ; celle-ci ceux du département ; et ce dernier enfin ceux de l'Etat, le dispensateur suprême. Tels sont les principes d'après lesquels sont réparties les charges publiques.

Afin de justifier l'idée de mettre au compte de l'Etat seul les frais du reboisement des montagnes de France, on s'appuie de deux précédents, savoir : la plantation des dunes de Gascogne et les travaux de défense sur le Rhin, qui ont été entrepris et qui sont continués aux frais du trésor public. Or, ce ne sont là que des exceptions à la règle dictée par la raison et écrite d'ailleurs dans notre droit administratif, règle qui veut que les travaux de cette nature soient exécutés aux frais de ceux qu'ils intéressent le plus. On comprend que le soin de protéger toujours avec promptitude et sécurité notre frontière d'Allemagne ait pu déterminer le gouvernement à déroger à ce principe pour les ouvrages défensifs contre le Rhin ; on s'explique aussi qu'il ait pris le même parti pour parvenir à fixer les sables de Gascogne contre l'envahissement desquels ont longtemps échoué les efforts isolés, insuffisants et inhabiles des propriétaires, parce qu'il importait de ranimer, par l'exemple d'un succès, le courage affaibli de ces derniers ; mais, je le répète, il s'agissait là de cas tout-à-fait exceptionnels et restreints, tandis que le reboisement est aussi vaste dans l'intérêt qu'il offre que dans les travaux qu'il exige.

Vous voulez que l'Etat seul se charge du reboisement ? Oubliez-vous donc que le plus grand trésor n'est pas inépuisable ? Or, examinez quelle est aujourd'hui notre situation financière : l'impôt arrivé à un très-haut degré, un déficit à combler, nos ressources engagées pour longtemps à l'exécution d'un réseau de chemins de fer et de canaux, nos ports à améliorer, notre marine à réorganiser, la colonisation de l'Algérie à affermir, une multitude d'améliorations de détail à réaliser que le progrès exige et dont chaque collége électoral fait réclamer impérieusement sa part, — telles sont les conditions dans lesquelles on propose de grever le trésor d'une nouvelle charge !

Cependant, il ne s'agit pas de peu de chose. Suivant M. Dugied, ancien préfet des Basses-Alpes, le reboisement de ce département exigerait, *seulement pour le semis et les plantations* sans compter le prix des terrains, un crédit annuel de 75,000 fr. pendant soixante ans. M. Surell, de son côté, évalue timidement à 100,000 fr. les sommes qu'il faudrait répandre chaque année, pendant le même temps, sur les escarpements des Hautes-Alpes, pour recomposer les forêts qui y existaient. Dans cette appréciation, il comprend 25,000 fr. pour terrains ; mais il laisse en dehors les travaux d'art à exécuter dans le même but sur les torrents. Ces estimations sont assurément très-modérées. Pourtant ces deux seuls départements exigeraient déjà en indemnités et en travaux effectifs, une dépense d'au moins douze millions. Puis, viendraient en même temps les départements Pyrénéens, ceux du Var, du Gard, des Cévennes et beaucoup d'autres encore exiger chacun son lot dans les libéralités de l'Etat, comme nous les avons vu naguère se réunir par groupe, et demander pour chacun un chemin de fer. Et d'ailleurs, qu'ai-je besoin d'entrer dans ces détails ? N'avez-vous pas entendu tout récemment le Ministre des Finances lui-même déclarer à la Chambre des Députés que l'étendue des terrains à reboiser est de 1,268,000 hectares, et que la dépense s'élèvera à *quatre-vingt-dix-sept millions* ? Eh bien! tous ces sacrifices, le trésor public peut-il les supporter ? Engagé déjà dans d'énormes dépenses, exposé d'ailleurs par les éventualités de la guerre à en voir surgir d'autres plus impérieuses encore, l'Etat peut-il, sans imprudence, entreprendre à lui seul ces immenses travaux dont le terme est inconnu?—Evidemment non. Et pourtant, je le répète, l'urgence est là qui nous pousse, il faut commencer sans plus tarder, ou se résigner à essuyer des pertes considérables et multipliées, à voir se reproduire, avec plus de force encore, les affreux désastres de 1840, les scènes de désolation qui les ont accompagnés, et les ruines qu'ils ont laissées. Cette perplexité est grande assurément, grande surtout pour les populations qui sont imminemment menacées !

Sans doute le reboisement des côtes intéresse toute la France; mais l'intéresse-t-il relativement davantage que le dessèchement des marais, les constructions de digues contre les fleuves, l'établissement des chemins de fer surtout? Personne n'oserait le dire. Or, les dépenses de ces grands travaux d'intérêt général sont-elles uniquement supportées par l'Etat? Non : les communes et les départements intéressés plus spécialement, y concourent dans certaines proportions, et c'est justice (1) ; car si ces travaux produisent directement des revenus à l'Etat, ils sont surtout une source de prospérité pour les localités qui les avoisinent. Si les conséquences devaient être les mêmes dans le reboisement, pourquoi les moyens seraient-ils différents ? On ne pourrait raisonnablement pas le vouloir. En admettant donc que ces grands travaux dussent avoir le double résultat des premiers, cela seul suffirait pour que les moyens de pourvoir aux uns et aux autres fussent analogues. Or, il y a plus : le trésor ne retirera aucun bénéfice direct du reboise-

---

(1) Voir la loi du 16 septembre 1807, titres VII et VIII ; la loi du 11 juin 1842 (A). Un décret de 1811 appelait même les communes à contribuer aux dépenses des routes départementales ; mais, par suite de modifications dans un autre ordre de choses, il n'est plus exécuté.

(A) Depuis la rédaction de cet écrit, l'art. 3 de la loi du 11 juin 1842 a été abrogé. Mais cette abrogation n'infirme nullement la puissance du précédent que j'invoque ici. Qu'on prenne la peine d'en lire les motifs dans le rapport de M. Vuitry : on verra qu'elle a été prononcée uniquement parce que le système principal établi par la loi du 11 juin 1842 n'est pas suivi. — On en est venu à concéder la plupart des chemins de fer à des Compagnies, à charge de payer les indemnités de terrains sans subvention de l'Etat ; tandis que, suivant la loi de 1842, ce dernier système devait être rarement appliqué : de l'exception l'on a fait la règle. C'est pourquoi l'art. 3, conçu selon le système de l'exécution par l'Etat, — et qui impose des obligations aux départements, aux communes, dans le paiement des terrains, — restant de fait le plus souvent sans application, on a reconnu qu'il y avait équité à l'annuler de droit, afin de rendre les conditions uniformes pour tous. Mais il n'en reste pas moins acquis que, suivant la pensée du législateur, les départements et les communes traversés par des lignes de chemins de fer devaient à celles-ci un concours spécial, si l'Etat en eût fait les frais, selon le mode abandonné.

ment, dont les avantages resteront presque en entier aux localités ravagées. Certains départements sont menacés? Qu'ils se groupent pour se défendre, sauf à demander du secours à leur suzerain l'Etat. Oui, il faut que les frais du reboisement tombent au compte de ceux qu'il intéresse le plus, chacun selon le degré de son intérêt, et le trésor viendra en aide aux faibles pour lesquels cette charge sera trop lourde.

« Je crois que toutes les personnes qui ont réfléchi sur
» ces matières seront de mon avis quand je dirai que l'effet
» des reboisements, s'ils étaient étendus à plusieurs dépar-
» tements, se ferait immédiatement ressentir pour l'amélio-
» ration du régime des eaux courantes dans une grande
» partie du bassin du *Rhône*. La navigation et le flottage
» seraient rendus plus faciles, et les divagations plus rares
» et moins désastreuses. — Le bienfait s'étendrait à la fois
» sur le commerce et sur l'agriculture. » Ces paroles, qui
viennent si bien confirmer ma proposition, sont de l'auteur dont j'aime à m'appuyer, de M. Surell. Et cependant,
tout en exposant ainsi les raisons qui veulent hautement la
répartition des dépenses du reboisement entre ceux qui profiteront le plus des travaux, M. Surell demande avec vigueur
que l'Etat seul supporte ces frais. Mais cette contradiction
s'amoindrit lorsque l'on sait la pauvreté excessive des Hautes-Alpes, au nom desquelles il parle exclusivement. Il faut
reconnaître avec lui que la misère de ce pays appelle de
grands secours ; mais comme ce n'est pas le seul département à reboiser, il faut soutenir aussi que, malgré cette impuissance, on doit obliger les populations des localités intéressées à contribuer directement aux charges du reboisement.
On verra plus loin pourquoi.

Les dépenses se divisent naturellement en deux parties :
d'une part, l'acquisition des terrains ; de l'autre, les frais

de l'opération proprement dite. Il y a lieu de les distinguer.

Ainsi qu'on l'a vu, la première base à obtenir, c'est la propriété du sol à reboiser; mais quel en sera le nouveau propriétaire? ou plutôt, au nom de qui se feront les travaux?

Si c'était au nom de l'Etat, celui-ci serait obligé d'acquérir en outre des terrains des particuliers, les vastes pacages des communes, dont la valeur entrerait nécessairement en ligne de compte dans les sacrifices à imposer à ces dernières. Il devrait aussi leur laisser sur ces terrains un droit d'usage *au moins pour le parcours*. Encore cette servitude concédée aux habitants serait-elle insuffisante; elle ne représenterait que l'état actuel des choses, tandis qu'ils doivent recevoir, en compensation de leurs sacrifices, non seulement une garantie contre les dévastations des eaux, mais encore une amélioration effective, un bénéfice réel. Il y aurait donc, rien que dans cette question incidente, de graves difficultés à résoudre, si graves en effet, que M. Surell, dont je combats ici la proposition, semble n'avoir pas osé les aborder (1). Si l'Etat n'assurait pas aux populations les résultats

---

(1) Ses doutes et ses hésitations à cet égard sont assez significatifs pour mériter d'être rapportés; il dit : « Quant au produit des forêts nouvellement créées, il pourrait être partagé entre les communes et l'Etat. Il reste là une question toute nouvelle à discuter. L'Etat se contentera-t-il du bénéfice de l'accroissement de l'impôt, résultant de la mise en valeur des terrains aujourd'hui incultes? Gardera-t-il encore à sa charge les frais de surveillance et d'entretien, une fois que les plantations seront devenues productives? Les fera-t-il retomber sur les communes, suivant les règles écrasantes de la loi du 20 juillet 1837? *N'exigera-t-il pas des communes le remboursement du prix des terrains* dont il sera devenu l'acquéreur par la voie d'expropriation,

dont je viens de parler, son rôle, de secourable qu'il doit être pour tous, deviendrait spéculatif ; — il aurait, en grand capitaliste, abusé de sa puissance pour enlever à celles-ci des terrains que leur pauvreté rendait improductifs entre leurs mains, plutôt que de leur donner l'assistance dont elles avaient besoin pour se relever d'elles-mêmes ; en un mot, il aurait passé par dessus leur misère pour aller rétablir chez elles, à grands frais il est vrai, des forêts dont les produits rendront un jour bien au-delà des sacrifices qu'elles auront coûtés.

Tous ces inconvénients disparaissent si l'on impose à chaque commune la charge d'acquérir les terrains désignés sur son territoire pour être reboisés. Que l'on ne s'effraie pas de cette obligation : aux communes qui ne pourront pas y satisfaire d'elles-mêmes, les secours viendront en aide. Mais les acquisitions qu'elles auront à faire seront peu considérables, attendu que le plus grand nombre des terrains dénudés sont communaux.

La commune étant devenue propriétaire de tout le sol à reboiser, c'est alors en son nom que se feront les travaux ; ce n'est pas à dire qu'ils seront confiés aux conseils municipaux ; à Dieu ne plaise !... Assurément, je suis le premier à reconnaître le bon esprit qui anime généralement les conseils municipaux, à rendre surtout le meilleur témoignage du dévoûment soutenu des maires ; mais, représentants d'un intérêt spécial, ils agissent et ne peuvent agir qu'en vue de cet intérêt. Tandis qu'ici il faut pourvoir à une mesure générale, qui exige beaucoup d'ensemble dans

---

etc., etc.? Je laisse à d'autres le soin de débattre ces considérations. » Certes, ces considérations sont pourtant de premier ordre, et il est permis de s'étonner que M. Surell, qui a mis dans son livre tant de développements de tout genre, les ait rejetées loin de lui.

ses opérations diverses, condition impossible sans une direction unique. Aussi les agents que le gouvernement en
chargera devront-ils tout diriger, mais seulement à titre de
gérants, comme le fait aujourd'hui l'administration forestière pour les bois communaux. Il est inutile, sans doute,
de rappeler que l'expropriation pour cause d'utilité publique peut être poursuivie au nom d'une commune comme au
nom de l'Etat lui-même. Voilà pour l'acquisition des terrains; restent maintenant les frais de l'opération.

J'ai dit qu'ils doivent être répartis entre les communes,
les départements intéressés dans la proportion de l'avan-
tage que chacun y trouvera. Mais comment les bases de cette
répartition seront-elles assises ?

Déterminer quelles sont les localités plus spécialement intéressées que d'autres à une ligne vicinale ou à un chemin
de fer (1) n'est pas chose difficile : le tracé de la voie et les
courts embranchements qui y mènent sont presque toujours, en cela, les seuls et les plus sûrs indicateurs. Or, il
en doit être à peu près de même pour le reboisement.

Comme les voies de communication, les rivières et les torrents qu'il s'agit de combattre ont leurs ramifications multipliées progressivement. Ainsi l'on peut avec justesse assimi-
ler les ruisseaux aux sentiers, les torrents aux chemins vicinaux, les rivières aux routes, et enfin le fleuve au chemin
de fer. Les uns comme les autres recueillent autour d'eux
les eaux ou les populations pour les conduire successivement
dans une artère plus grande. Plus une voie de communication est petite, plus le nombre des intéressés est restreint ;
à mesure qu'elle s'agrandit, son influence augmente. La
même chose encore a lieu pour les cours d'eau : tel petit

1) Voir la note ᴀ, *page* 39.

torrent qui se forme au sommet du Jura ne ravage d'abord que les terrains d'une commune ; mais bientôt, réuni à d'autres, il va, grossissant à chaque pas, se ruer dans le Rhône dont les inondations désolent plusieurs provinces.

Eh bien ! que l'on classe par bassins de rivières les terrains à reboiser, que l'on subdivise ensuite ce classement entre les différentes vallées de chaque bassin, et l'on aura les bases d'une répartition des dépenses.

Là encore se retrouve une analogie avec un ordre de choses existant : pour l'impôt spécial du reboisement, les bassins des fleuves, puis les vallées représenteront ce que sont aujourd'hui, dans la répartition des contributions générales, les départements et les arrondissements.

Il est inutile, je pense, d'en dire davantage pour l'intelligence de cette proposition. La première de ces opérations serait confiée au conseil-général d'agriculture qui déterminerait les bassins intéressés ; la seconde le serait aux conseils-généraux. Sur les données fournies par ces diverses assemblées, l'administration établirait le degré d'intérêt de chaque département, de chaque commune, aux travaux du reboisement, et les dépenses se trouveraient ainsi réparties.

On comprend que, dans l'application, les effets de ce classement devront de plus en plus se localiser à mesure que le cercle de la répartition se rétrécira. Ainsi, Lyon sera déclaré intéressé au reboisement de la partie supérieure du bassin de la Saône dans telle proportion, et le contingent qu'il fournira en conséquence, ira s'éparpiller sur les différents cours d'eau qui ont, en amont, leur confluent dans ce fleuve. Tandis que les fonds produits par telle autre commune située sur le Doubs, par exemple, seront exclusivement affectés au reboisement des côtes voisines de cette rivière. On comprend aussi que, dans la détermination du degré d'intérêt, on devra tenir compte de l'importance d'une localité, du préjudice qu'elle ressent des inondations et enfin de l'éloignement des terrains à reboiser. On voit enfin que lorsqu'une commune, un département, n'auraient pas à employer sur leur propre territoire leurs contingents, on en centraliserait les produits pour les affecter au reboisement des pentes dont la dénudation leur nuit.

La dépense ne pouvant pas être instantanée, mais successive, beaucoup de communes trouveront dans leurs ressources les moyens de couvrir leur contingent. Toutefois, le plus grand nombre, il faut l'avouer, seront obligées, pour y pourvoir, de recourir à des voies extraordinaires. — La plus naturelle, la première à suivre sera, sans contredit, l'impôt supplémentaire; mais, dans certaines localités, il serait ou trop lourd ou insuffisant.

De longues méditations sur cette difficulté de la question, ne m'en ont donné d'autre solution raisonnable et rationnelle que la *prestation en nature* pour les communes pauvres qui sont rapprochées des lieux à reboiser, et que la modération ou l'exemption des contingents pour celles qui en sont éloignées.

Peut-être me reprochera-t-on d'imiter encore, dans cette dernière proposition, le système qui régit nos chemins vicinaux ? Mais prenant l'avance, je dis que ce système est sage, qu'il produit d'excellents résultats, et que l'extrême rareté où nous vivons des idées véritablement bonnes, fait un devoir aux gens sensés de chercher à en porter l'essence dans les réformes qu'elle peut féconder.

Les populations sont aujourd'hui parfaitement habituées à la prestation en nature. Souvent même elles préfèrent cet impôt aux autres moyens donnés aux communes pour rétablir leurs chemins vicinaux. La preuve en est dans l'augmentation progressive des votes des conseils municipaux pour l'emploi de la prestation (1). On pourrait donc y avoir recours sans qu'il en résultât un froissement pour les communes qui la supporteraient, d'autant plus que, presque partout, les chemins vicinaux s'exécutent avec une grande activité, ce qui permet d'entrevoir l'époque prochaine, sans doute, où ils exigeront infiniment moins de travailleurs qu'aujourd'hui.

L'impôt d'une seule journée donnerait déjà un produit sensible; mais les travaux à exécuter n'exigeant presque pas de transports, les hommes seuls y seront employés, et l'on pourrait ainsi porter la prestation à deux journées, sans qu'il y eût excès; car c'est principalement par l'occupation des attelages plutôt que par celle des bras, que cet impôt pèse sur les cultivateurs. On aurait donc, par l'emploi de ce moyen, un important auxiliaire pour préparer le terrain à recevoir soit des semis, soit des plantations, ce qui peut se faire par tout manœuvre dirigé.

Objectera-t-on que les départements où le reboisement est le plus nécessaire sont précisément ceux dans lesquels les chemins vicinaux se font le moins vite? Cherchez d'où vient cette différence. Dans ces départements, les habitants sont autant laborieux qu'ailleurs; mais, dans les pays montagneux, l'établissement des chemins est difficile, il exige

---

(1) Le nombre des communes où la prestation en nature a été appliquée, *sur la demande même des Conseils municipaux*, était, sur 36,191 qui pouvaient y avoir recours,

en 1838,	de	23,844;
1839,	de	26,255;
1840,	de	27,727;
1841,	de	28,996.

Il y a eu conséquemment augmentation de plus d'un cinquième dans trois ans.

beaucoup de travaux d'art que les prestataires ne sau-
raient exécuter et que le défaut d'argent fait ajourner. Voilà
la vraie cause des retards dans la confection des chemins ;
elle est donc indépendante des facultés personnelles des
habitants.

Si j'insiste tant pour la coopération de ceux-ci aux dépenses, c'est qu'ils ont aujourd'hui un intérêt particulier, mal
entendu il est vrai, à faire pâturer les côtes : exiger d'eux
une prestation pour les reboiser, ce sera les rendre, par
opposition, individuellement intéressés à la prompte réussite
de l'entreprise, et ils seront ainsi amenés d'eux-mêmes à respecter les terrains mis en réserve et les plantations, puisqu'en
continuant à les détruire, ils prolongeraient les travaux et
conséquemment leurs charges.

Il faudrait donc décider, 1° que, pour les communes décla-
rées intéressées au reboisement et voisines des lieux où il
s'exécutera, les conseillers municipaux pourront voter, à
titre de prestation en nature, une ou deux journées d'hommes;
2° qu'en cas de refus de leur part et à défaut d'autres ressources, l'administration portera cet impôt d'office ; 5° enfin, que pour les communes éloignées, la dépense du reboisement devenant obligatoire pourra donner lieu aux impositions extraordinaires voulues en pareil cas.

Après avoir tous parlé des charges du reboisement, j'éprouve
le besoin de dire quelles seront les compensations qu'y trouveront les différents coopérants.

Les secours que l'État donne aux départements et aux communes sont rarement productifs pour le trésor : il faut qu'il
n'en soit pas de même des subventions que lui coûtera le
reboisement.

Les impôts supplémentaires, par les améliorations qui en
sont la suite, procurent certainement des avantages aux con-
tribuables pris en masse ; mais jamais ils n'ont pour ceux-ci

de véritables compensations individuelles : le reboisement, au contraire, réunira le double résultat d'une amélioration générale et d'un bénéfice particulier.

Ces deux propositions exigent quelque développement : on voudra bien excuser l'aridité des explications adminitratives dans lesquelles je serai forcé d'entrer.

En ce qui concerne le trésor, constatons d'abord qu'il retrouvera dans le reboisement toutes les conséquences fécondes pour lui qui suivent tout accroissement de l'aisance générale : ceci n'a pas besoin de preuve.

La contribution des forêts est au moins deux fois plus forte que celle des terres vaines. De la conversion des terrains dénudés en bois il résulterait donc une augmentation dans le produit de l'impôt foncier, si les améliorations dans les cultures et, partant, dans le revenu du sol, avaient pour conséquence d'accroître cet impôt. Mais, on le sait, il n'en est rien. Il est de règle que les classifications cadastrales sont essentiellement invariables quant aux propriétés non bâties : de telle sorte qu'un terrain quelconque, champ ou friche, lorsqu'il a été ainsi classé par le cadastre, reste toujours imposé comme tel, quelles que soient ses transformations ultérieures de culture, et fût-il même converti en prairie de première qualité. Cet effet immuable du classement cadastral ne peut donc être modifié que par un nouveau cadastre. Au premier aperçu on s'écrie : c'est injuste ! Mais si l'on considère l'impossibilité de faire suivre incessamment à la base de l'impôt foncier toutes les fluctuations du revenu des terres, et si l'on réfléchit surtout à la perturbation continuelle qu'un mouvement semblable causerait dans la valeur même des propriétés, dans les transactions dont elles sont l'objet, la critique s'arrête et l'on reconnaît bien vite, au contraire, que cette règle est pleine de sagesse.

Cependant, en toute chose, dit-on, l'excès du bien produit

le mal. Si l'immutabilité du cadastre est nécessaire pour les
propriétés en général ne sera-t-elle pas un abus lorsqu'il
s'agira de la transformation d'immenses terrains comme ceux
qui seront soumis au reboisement? A leur laisser invariable-
ment le privilège d'une faible contribution, comme à des
terres sans valeur, n'y aura-t-il pas une anomalie d'autant
plus grande que leur transformation aura coûté beaucoup à
l'impôt, surtout à l'impôt local? Nul ne le contestera. Sans
doute, ce privilège ne peut pas cesser aussitôt après les semis
et les plantations, car ils resteront encore longtemps improductifs : bien plus, il faut même le rendre absolu pour donner
à la propriété reboisée le temps et le moyen de se fortifier,
par une exemption de tout impôt pendant un certain nombre
d'années, selon le principe déjà établi par notre législation.
Mais, je le repète, ce repos réparateur doit avoir un terme ;
il faut qu'un jour les forêts recréées supportent, comme les
anciennes, une juste portion de l'impôt foncier.

Or, avec la règle rappelée plus haut, cela n'aurait lieu
qu'autant que le cadastre serait renouvelé après l'exécution
du reboisement. A la vérité ce renouvellement est probable;
le morcellement de plus en plus croissant de la propriété
immobilière le rendra nécessaire ; déjà même on y procède
sur certains points où les premières opérations ont été im-
parfaitement accomplies. Néanmoins, il faut bien le remarquer, ce ne sont là que des moyens fortuits et isolés d'éviter
ici les fâcheux effets de l'immutabilité du cadastre. Il faudrait
un heureux concours de circonstances pour qu'ils se présen-
tassent partout où ils feront besoin, et la raison ne permet
pas d'y compter.

Au surplus, en supposant même le cadastre recommencé
partout où des reboisements auraient eu lieu, les forêts nouvelles seraient bien alors imposées comme telles; l'augmentation de leur valeur accroissant le capital cadastral du

département aurait bien pour conséquence de réduire la quotité assignée précédemment à chaque propriété; dans cette réduction le propriétaire trouverait certainement un bénéfice tout clair qui, s'accumulant avec les années, compenserait bientôt les charges extraordinaires que lui auraient coûtées les travaux de reboisement; mais, qu'on ne l'oublie pas, il ne résulterait de là aucun accroissement de l'impôt du pays, aucun profit pour le trésor : tout le bénéfice resterait exclusivement aux propriétaires fonciers du département (1). Ce n'est donc là qu'une des compensations à chercher dans les dépenses du reboisement.

L'Etat lui-même aura fait de grands sacrifices : il importe qu'il puisse, comme les localités et les propriétaires, en retirer plus tard quelque fruit. Il sera donc juste qu'il absorbe une partie des bénéfices qui pourront être, dans le jeu de l'impôt, une conséquence du reboisement. Une autre raison, non moins puissante, le veut encore. Les terrains reboisés seront immenses, leur estimation deviendra considérable. En englobant celle-ci dans le chiffre cadastral du département, la réduction d'impôt, dont je viens de parler, serait très-forte; peut-être même prendrait-elle une proportion énorme au point de faire hausser sensiblement la valeur vénale des autres propriétés foncières du département. Sous ce rapport

(1) On sait pourquoi : en principe, le contingent proportionnel du département dans le total de l'impôt foncier du pays est invariable ; de nouvelles opérations cadastrales n'ont d'autre effet que de modifier les bases de la sous-répartition de ce contingent, ou, en langage industriel, d'augmenter l'*action* de tel arrondissement, de telles communes, de tels propriétaires, tandis que l'*action* d'un autre arrondissement, d'autres communes, d'autres propriétaires, sera réduite d'autant, ce qui entraîne un changement analogue dans le tribut que chacun doit fournir pour former le total de l'impôt dû par le département, ou, si l'on aime mieux, dans son *quotient* particulier.

seul, la nécessité de maintenir l'équilibre des situations consacrées par le temps dans la valeur relative des terres, ne commandera-t-elle pas de modérer le résultat signalé plus haut? Assurément, ce sera prudent et juste.

C'est pourquoi il faut qu'une exception spéciale aux terrains reboisés fasse fléchir la règle de l'immutabilité de l'impôt. Loin d'être ici un inconvénient elle sera un bien. Afin de satisfaire tous les besoins, de balancer tous les intérêts, qu'il soit donc pris un parti mixte qui consistera à englober seulement, dans le chiffre cadastral du département, une portion de la valeur estimative des terrains reboisés, tandis que l'autre portion ajoutée à ce chiffre, en formera comme un supplément qui donnera lieu à une addition correspondante dans l'impôt annuel assigné au département. Qu'il soit, de plus, décidé que cette opération se fera, sans attendre le renouvellement du cadastre, dès que les forêts créées par le reboisement seront devenues imposables, et alors l'Etat et les propriétaires, tout à la fois, profiteront des contributions dont elles seront frappées.

Ce système n'est pas une innovation véritable: déjà une brèche existe dans le grand principe de la fixité des contingents départementaux pour l'impôt foncier; elle a été ouverte, sur la proposition de M. Humann, ministre des finances, par la loi du 17 août 1855, qui a admis la mobilité de ces contingents en ce qui concerne les propriétés bâties: si bien que les constructions neuves ont pour effet d'augmenter ces contingents, tandis que les démolitions les réduisent.

On a pensé que la construction d'une maison est, en effet, la création d'une nouvelle matière imposable. La même raison n'existera-t-elle pas pour les terrains reboisés, puisqu'aujourd'hui ils ne supportent que peu ou point de contribution? Assurément oui. Il y a mieux, on doit reconnaître même que cette raison sera d'autant plus forte pour le reboisement qu'il s'agira d'une valeur agglomérée sur quelques points seulement et par conséquent d'une puissance bien plus grande et d'une appréciation bien plus facile que celle des maisons, qui est très-disséminée.

J'ai hâte de le dire, cependant, l'imitation que je propose ne doit pas être complète. Il faut se borner à ajouter une portion de la valeur cadastrale des forêts nouvelles sans réduire celle des forêts détruites. On comprend, en effet, que la conservation des bois qui existent sur un mauvais sol exclusivement propre à cette production, trouvera une garantie de plus dans la certitude que leurs propriétaires auront de continuer à payer toujours un impôt aussi fort, quoiqu'ils viendraient à les détruire par un abus de pâturage ou autrement.

Pour tout esprit logique, le besoin de se rendre compte du résultat probable du système proposé se fait ici sentir. Je l'éprouve tout le premier ; mais l'absence totale d'éléments m'a mis dans l'impossibilité de le satisfaire. Cependant M. Dugied, dont j'ai déjà parlé, avait proposé d'ajouter au chiffre cadastral du département non pas une partie, mais bien la totalité de l'augmentation de valeur foncière créée par le reboisement ; et il a calculé qu'en supposant, pour 20,000 hectares, une dépense par l'Etat de 554,000 fr., le trésor, au bout de 86 ans, aurait couvert ses avances, et de plus, réalisé un boni annuel de 8,000 fr., représentant le surplus des contributions qui continueraient à courir. Si l'on accepte avec confiance ce renseignement pour terme de comparaison, on voit donc que l'Etat, par les secours qu'il donnera, sèmera pour recueillir.

Il en sera de même pour les départements de la situation des terrains reboisés, puisque les revenus départementaux se composent de l'attribution d'un certain nombre de centimes sur les contributions directes.

Le même résultat, répété sur une échelle plus petite, adviendra aux communes dans lesquelles le reboisement s'opèrera. Elles se créeront, en outre, des forêts où elles trouveront d'abord de bons pâturages pour leurs troupeaux et, plus tard, des bois qui seront assurément pour elles une source de prospérité, soit par l'alimentation de leurs besoins, soit par le commerce qu'elles en feront avec les propriétaires de la plaine. Telle est, en effet, la destination naturelle des montagnes « qui est de demeurer la grande manufac-» ture de bois et de bestiaux. »

Quant aux communes et aux départements hors desquels le reboisement s'exécutera, mais qui seront appelés à y concourir, ils ne trouveront de compensation directe à leurs dépenses que dans la garantie que les travaux leur donneront contre les inondations. Mais n'est-ce donc rien ? N'oublions pas qu'ils sont aujourd'hui exposés chaque année à des pertes de plusieurs millions !

Que l'on ne s'effraie donc pas des dépenses du reboisement : elles porteront pour l'Etat, les départements et les communes, des fruits abondants qui auront bientôt effacé la trace des sacrifices que cette œuvre aura coûtés.

V.

IL FAUT ASSURER LA SURVEILLANCE DES TERRAINS REBOISÉS.

« Nous devons considérer au premier rang parmi les moyens légaux qui pourraient assurer à l'avenir le reboisement des parties incultes du sol, la révision de la législation relative aux gardes-champêtres. »

ALTMAYER. — (*Mémoire à l'Académie de Metz.*)

L'apathie, la force de l'habitude sont si grandes chez les habitants des campagnes, qu'il ne faut pas trop compter, malgré ce qui a été dit plus haut, sur leur raison, sur leurs intérêts même, pour les amener à respecter les opérations du reboisement. L'évidence de son utilité, la conviction qu'ils pourraient en avoir eux-mêmes seraient peut-être insuffisantes pour vaincre leur obstination, et il faut s'attendre de leur part à une protestation de fait, à la continuation des dégâts qu'ils causent aujourd'hui sur les terrains à réserver ou à reboiser. Il importe donc au plus haut point que la loi à rendre pour assurer le reboisement des côtes donne aussi les moyens d'en garantir la conservation.

Or, il est reconnu que notre système de garderie, soit des bois, soit des propriétés rurales, mais surtout de ces derniè res, est très-imparfait. On réclame de toutes parts l'organisation des gardes-champêtres, l'augmentation des gardes-forestiers. C'est qu'en effet, les premiers n'existent généralement que de nom, paralysés qu'ils sont par l'insuffisance de leur salaire dérisoire, par leur dépendance excessive envers les conseils municipaux, et enfin par un défaut d'impulsion et de surveillance. Aussi que de délits ne sont pas constatés ! Quant aux seconds, ils sont en trop petit nombre, car il n'est pas rare de voir le même agent chargé de surveiller une étendue de cinq ou six cents hectares de bois appartenant séparément à quatre ou cinq communes et formant autant de forêts distinctes, au centre desquelles on a cherché à le placer, mais qu'il ne peut néanmoins visiter qu'à des intervalles de plusieurs jours à cause de la distance qui les sépare.

La conservation des produits agricoles et des forêts, la chasse, la pêche des petits cours d'eau, le maintien de leurs lits dont le rétrécissement occasionne des débordements, l'exécution des règlements sur le régime des usines et des travaux d'irrigations, toutes ces richesses de la terre enfin réclament une organisation complète de garderie, sur laquelle j'ai exposé ailleurs quelques idées qu'il serait hors de sujet de répéter ici. J'ai voulu seulement constater qu'il y a nécessité absolue d'une réforme importante dans cette branche des services publics, surtout avec l'exécution du plan développé dans ce mémoire pour la régénération de nos forêts.

Juillet 1844.

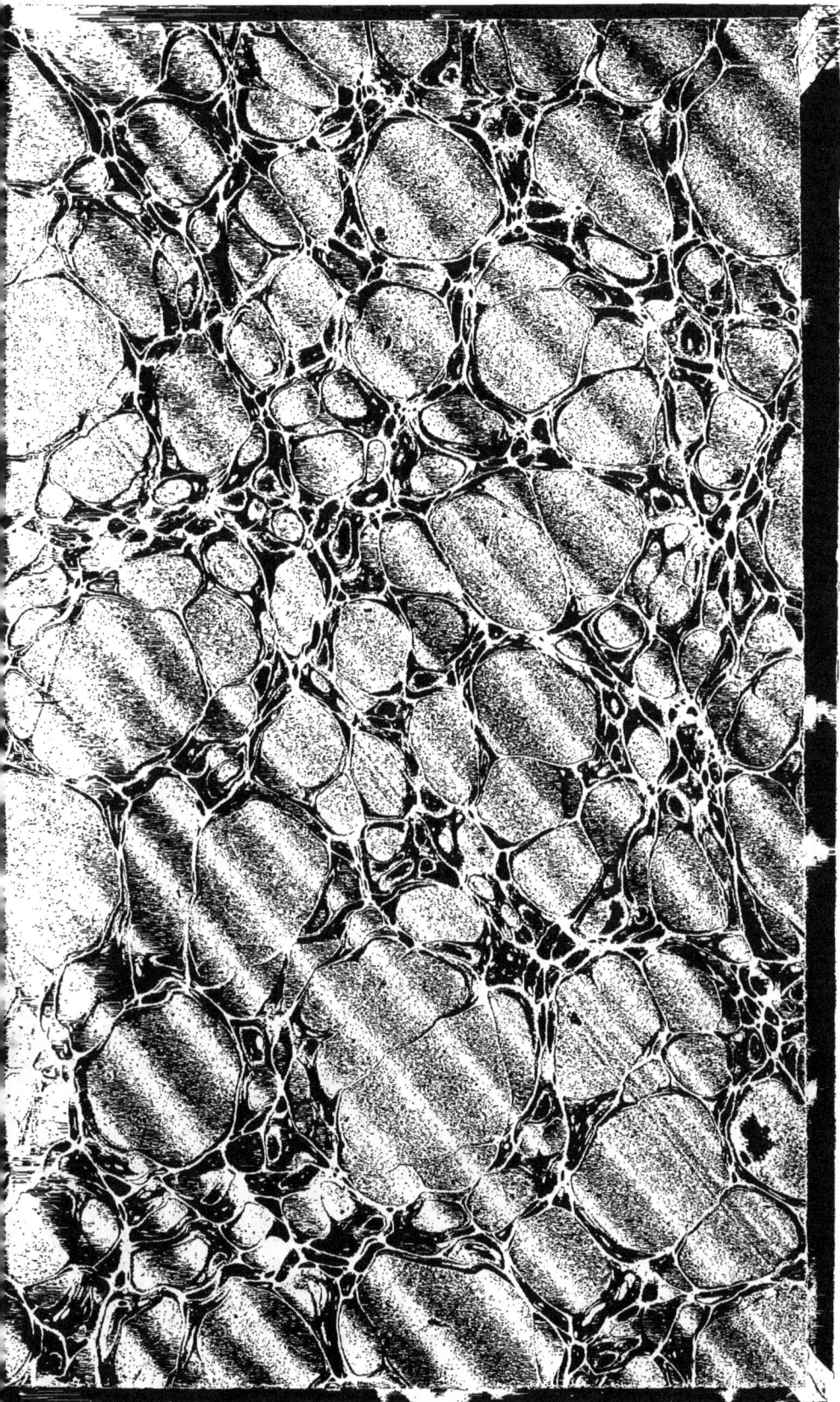

www.ingramcontent.com/pod-product-compliance
Lightning Source LLC
Chambersburg PA
CBHW070822210326
41520CB00011B/2066